# UN MOT



## QUELQUES EAUX MINÉRALES

### DE L'ALLEMÁGNE

PAR

## LE DOCTEUR L. DESPREZ

(DE LYON)

---

*1903 - Juin - 13*

# Vente du Samedi 13 Juin 1903

(HOTEL DROUOT — SALLE N° 7)

# CATALOGUE

DE

# BONS LIVRES ANCIENS ET MODERNES

SUR LES

# BEAUX-ARTS

*Principalement sur les*

## Armes et Armures, Costumes, Faïences, Objets d'Art

## Ouvrage de M. Félix LAJARD

*Sur le culte public et les mystères de*

## MITHRA, EN ORIENT ET EN OCCIDENT

PARIS

Vᵛᵉ A. FOULARD ET FILS, LIBRAIRES

7, QUAI MALAQUAIS, 7

1903

## Vente du Samedi 13 Juin 1903

(HOTEL DROUOT — SALLE N° 7)

# CATALOGUE

DE

# BONS LIVRES ANCIENS ET MODERNES

SUR LES

# BEAUX-ARTS

*Principalement sur les*

## Armes et Armures, Costumes, Faïences, Objets d'Art

## Ouvrage de M. Félix LAJARD

*Sur le culte public et les mystères de*

## MITHRA, EN ORIENT ET EN OCCIDENT

PARIS

V<sup>ve</sup> A. FOULARD ET FILS, LIBRAIRES

7, QUAI MALAQUAIS, 7

1903

LA VENTE AURA LIEU

# Le Samedi 13 Juin 1903

## Hôtel des Commissaires-Priseurs

*9, rue Drouot, 9*

Salle n° 7.

Par le ministère de M° Léon TUAL, Commissaire-Priseur

56, rue de la Victoire, 56

Assisté de M. Charles FOULARD, Libraire

7, quai Malaquais, 7

## CONDITIONS DE LA VENTE

La vente se fait expressément au comptant.

Les acquéreurs paieront *10 pour cent* en sus des prix d'adjudication.

Les ouvrages sont complets, à moins d'indication contraire.

**Le libraire chargé de la vente remplira les commissions des personnes qui ne pourraient y assister**

# CATALOGUE

DE

# BONS LIVRES ANCIENS

## ET MODERNES

1. **Ariosto** (L'). Orlando furioso. *Parigi*, 1795, 4 vol. in-4, demi-chag., dos orné, n. rognés.

> Exemplaire en grand papier, avec 69 fig. de Cochin, Cipriani,
> Moreau, Eisen, etc. Les pages 299 à 302 du tome 1er manquent.

2. **Armstrong** (Sir Walter). Gainsborough et sa place dans l'école
anglaise; traduction B.-H. Gausseron. *Paris,* 1899, gr. in-4, pl.
percaline, tête dorée, ébarbé; héliogravures.

3. **Artistes célèbres**. Réunion de 10 monographies in-4, br.

> Les Cochin, Les Moreau, Fragonard, Callot, Lamour, Prud'hon,
> Ligier Richier, Watteau, Les Saint-Aubin, Donatello.

4. **Atelier Meissonnier**. Catalogue des tableaux, études peintes,
aquarelles et dessins composant l'atelier Meissonnier, dont la vente
a eu lieu en 1893. In-4, br., nombr. photogravures.

5. **Bapst** (Germain). Etudes sur l'orfèvrerie française au xviiie siècle : Les Germain, orfèvres, sculpteurs du Roy. *Paris*, 1887, gr.
in-8, br.; pl. et figures.

6. **Baur** (Joh. Guil.). Iconographia complectens in se passionem,
miracula, vitam Christi universam, nec non prospectuus portuum,
rarissimorum palatiorum, hortorum, etc... aeri incisae a Melch.
Kyssel, *Augustae Vindelicorum*, 1682, 4 parties en 1 vol. in-4
obl., vélin ; 146 pl. gravées.

> Vie du Christ, vues de palais, jardins.

7. **Beaux-Arts.** Réunion de 4 vol. in-12 et in-8 reliés.

*Joullain*, Réflexions sur la peinture et la gravure. Metz, 1786. — *Musseau*, Manuel des amateurs d'estampes. Paris, 1821. — *Horsin Déon*, De la conservation et de la restauration des tableaux. Paris, 1851. — *De Bast*, Notice sur le chef-d'œuvre des frères Van Eyck. Gand, 1825.

8. **Beaux-Arts.** Réunion de 4 ouvrages petit in-8 et in-12, br. et reliés.

*De la Saussaye*, Histoire du château de Blois, 1862. — *Verdot*, L'hôtel de Carnavalet, 1865. — *Bonnassieux*, Le Château de Clagny et Madame de Montespan, 1881. — *Michel*, Essai sur l'histoire de l'art. Avec eaux-fortes, grav. et photographies.

9. **Beaux-Arts.** Réunion de 17 brochures gr. in-8 de Courajod, Molinier, Eudel, etc. 1863-1887.

Imitation et contrefaçon des objets d'art antiques. — La vente Hamilton. — Le Baron Ch. Davillier. — Eugène Delacroix. — Livre de M. Armand sur les Médailleurs Italiens. — Galerie de M. Pereire.

10. **Beaux-Arts.** *Réunion* de 4 vol. in-8 et gr. in-8, br.

*Campardon*, Madame de Pompadour et la cour de Louis XV, 1867. — *Atelier Fortuny*, catalogue des œuvres posthumes, objets d'art et de curiosité, 1875. — *Lafenestre*, Maîtres anciens, études d'histoire et d'art, 1882. — *Courajod et Frantz-Marcou*, Catalogue du Musée de sculpture comparée du palais du Trocadéro.

11. **Beaux-Arts.** Réunion de 8 vol. petit in-8 et in-12, br. et reliés.

*Bapst*, Testament du roi Jean le Bon, 1884. — *De Beauvoir*, La librairie de Jean, duc de Berry, 1860. — *Duplessis*, Michel Bégon, 1874. — *Passeri*, Histoire des peintures sur majolique, 1853. — *Firmin-Didot*, Histoire de la gravure sur bois, etc., etc.

12. **Bonnardot.** Essai sur l'art de restaurer les estampes et les livres; 2ᵉ édition. — De la réparation des vieilles reliures. *Paris*, 1858, 2 vol. in-12, cart. et br.

13. **Bosse.** Traité des manières de graver en taille-douce, sur l'airain, par le moyen des eaux-fortes et des vernis durs et mols, d'imprimer les planches et de construire la presse, revu et augmenté d'une nouvelle manière de se servir des dites eaux-fortes, par Le Clerc. *Paris*, 1701, in-12, veau; pl. gravées.

14. **Bouchot.** Les Femmes de Brantôme. *Paris*, 1890, gr. in-8, br.; héliogravures.

15. **Bourcard** (Gustave). Dessins, gouaches, estampes et tableaux du XVIIIe siècle, guide de l'amateur. *Paris, Morgand,* 1893, 1 tome en 2 vol. in-8, demi-mar. bleu, tr. jaspée.

> Exemplaire imprimé sur papier vergé et interfolié de papier blanc fort.

16. **Brongniard** et **Riocreux**. Description méthodique du musée céramique de la manufacture de porcelaine de Sèvres. *Paris,* 1845, texte in-4, br., et atlas, en carton, de 80 planches.

> On y a joint une suite de 72 planches en noir, la plupart sur Chine, bons à tirer signés par les artistes.

### Catalogues de ventes du XVIIIᵉ siècle.

17. **Basan**. Catalogue d'une belle collection de dessins italiens, fla-mands, hollandois et françois ainsi que plusieurs tableaux, estam-pes, volumes d'antiquités et autres : le tout rassemblé avec soins et dépenses par M. Neyman. *Paris,* 1776, in-8, demi-chag., coins, tête dor., ébarb.

> Le présent catalogue est orné d'un frontispice de Choffard et de 14 estampes gravées à l'eau-forte par Weinrood ; prix d'adjudica-tion et noms des acquéreurs.

18. **Basan**. Catalogue raisonné des différents objets de curiosités dans les sciences et arts qui composaient le cabinet de feu M. Ma-riette. A *Paris,* 1775, in-8, veau pl., tête dor., ébarb. ; front. et prix d'ajudication.

19. **Cabinet de M. de Lalive**. Catalogue historique du cabinet de peinture et sculpture française de M. de Lalive, 1764. — Cata-logue raisonné des tableaux de différentes écoles, des figures et bustes de marbre, desseins, estampes, meubles précieux, par Boule et Ph. Caffieri, et d'autres objets qui composent le cabinet de M. de Lalive de Jully. *Paris,* 1769, ensemble 2 vol. in-12 et in-8, cart.; portrait, fig., prix d'adjudication.

20. **Cabinet Randon de Boisset**. Catalogue des livres, des ta-bleaux, desseins précieux, marbres, porcelaines, riches meubles de Boule, lustre, feux, etc., faisant partie du cabinet de M. Ran-don de Boisset, avec supplément. *Paris,* 1777, 3 parties en un vol. in-12, veau ; prix d'adjudication.

21. **Catalogue** de tableaux précieux, miniatures et gouaches,

figures, bustes et vases de marbre et de bronze, armoires, com-
modes et effets précieux du célèbre Boule, etc., qui composent le
cabinet de feu *M. Blondel de Gagny. Paris*, 1776, in-12, veau ;
prix d'adjudication et noms des acquéreurs.

22. **Catalogue** raisonné d'une collection considérable de diverses
curiosités en tous genres contenues dans les cabinets de *M. Bon-
nier de la Mosson* et de feu le Chevalier de La Roque. *Paris*,
1744-45, 2 parties en 1 vol. in-12, veau; frontispices ; prix d'adjudication.

23. **Catalogue** des tableaux, dessins, terres cuites, marbres,
bronzes, pierres gravées, médailles et autres objets précieux,
après le décès de S. A.S.Monseigneur le Prince de *Conty. Paris*,
1777, in-12, cart. ; front.; prix d'adjudication.

24. **Catalogue** des tableaux, desseins, marbres, bronzes, modèles,
estampes et planches gravées ainsi que des bijoux, porcelaines et
autres curiosités de prix du cabinet de feu *M. Coypel. Paris*,
1753, in-12, veau ; prix d'adjudication.

25. **Catalogue** raisonné des tableaux, dessins et estampes et autres
effets curieux après le décès de *M.de Jullienne*,par Pierre Rémy.
*Paris*, 1767, in-12, veau; front. ; prix d'adjudication.

26. **Catalogue** raisonné d'une très belle collection de tableaux,
pastels, miniatures, meubles de Boule, etc., provenans du cabinet
de M. *Le Beuf*, par Lebrun, peintre. *Paris*, 1782, in-8, v. pl., tr.
dor. ; prix d'adjudication et noms des acquéreurs.

27. **Catalogue** d'une riche collection de tableaux, de peintures à
gouache et au pastel, de desseins précieux montés et non montés,
d'estampes choisies en feuilles et en recueils ; le tout des trois écoles, du cabinet de M. *L'Empereur. Paris*, 1773, in-8, veau ; prix
d'adjudication.

28. **Catalogue** de tableaux, bronzes, vases, porcelaines, girando-
les, feux, meubles précieux, etc., qui composent le cabinet de
M. de *Montriblond. Paris*, 1784, in-8, d.-maroq.; prix d'adjudication et noms des acquéreurs.

29. **Catalogue** des bronzes et autres curiosités égyptiennes, étrus-
ques, médailles, monnaies, etc., du cabinet de feu M. *Morand.*
Paris, 1773. Catalogue des tableaux, figures de bronzes, de mar-

bre et de terre-cuite, par Le Quesnoy et autres maîtres, etc., du cabinet de M. Vassal de Saint-Hubert. *Paris,* 1773. En un vol. in-12, veau.

> Exemplaire interfolié; prix d'adjudication.

30. **Catalogue** raisonné des tableaux, sculptures, tant de marbre que de bronze, desseins et estampes, porcelaines, meubles précieux, bijoux, qui composent le cabinet de feu M. le duc de *Tallard*. *Paris,* 1756, in-12, veau; front., prix d'adjudication.

31. **Catalogue** raisonné d'une très belle collection de tableaux des écoles d'Italie, de Flandre et de Hollande qui composaient le cabinet de M. le Comte de *Vaudreuil*, par J.-B.-P. Le Brun, peintre. *Paris,* 1784, in-12, veau pl. ; prix d'adjudication.

32. **Catalogues** (Recueil de cinq) rédigés par Rémy, de ventes de tableaux, estampes, curiosités, faites au xviiie siècle, en 1 vol. in-12, veau.

> D'Azincourt, 1770. — Fortier, 1770. — Comte de la Guiche, 1771. — Boucher, 1771. — Crozat, 1772. Prix d'adjudication à l'encre pour un grand nombre de numéros.

33. **Gersaint.** Recueil de 4 catalogues de ventes faites au xviiie siècle : bijoux, porcelaines, bronzes, lacqs, meubles, etc., provenant de la succession de M. Angran de Fonspertuis. Tableaux, diamans, bagues, bijoux provenant de la succession de M. Godefroy, banquier et joaillier. Bronzes et autres curiosités du cabinet de feu M. de Valois, etc. En 1 vol. in-12, veau, front. et pl. grav.; prix d'adjudication.

34. **Mariette.** Description sommaire des desseins des grands maîtres d'Italie, des Pays-Bas et de France, du cabinet de feu M. Crozat, avec des réflexions sur la manière de dessiner des principaux peintres. Description sommaire des pierres gravées du cabinet de feu M. Crozat. *Paris,* 1741, 2 parties en un vol. in-8, veau.

> Prix d'adjudication à l'encre pour la vente des dessins.

35. **Marolles** (de), abbé de Villeloin. Catalogue de livres, d'estampes et de figures en taille-douce, avec un dénombrement des pièces qui y sont contenues, fait à Paris en l'année 1666, in-12, veau. Catalogue de livres, d'estampes et de figures en taille-douce fait en 1672, avec un grand nombre de marques. Ensemble 2 vol. .

> Catalogues très rares. Celui fait en 1672 est une copie manuscrite faite au xviiie siècle.

36. **Catalogues de livres.** Réunion de 6 vol. in-8, brochés et reliés.

> Bibliothèques de Léopold Double, 1863, 1881, de Duplessis, 1900, et Guyot de Villeneuve, 1900. Planches et prix d'adjudication.

37. **Catalogues de tableaux**, réunion de 10 catalogues gr. in-8, br. et reliés.

> Collections : Sedelmeyer, 1873 et 1877. — Faure, 1873 et 1878. — Laurent-Richard, 1873 et 1878. — Van Walchren van Wadenoyen, 1875, 2 vol. — Jacobson, 1876. — Schneider, 1876. Avec de très nombreuses eaux-fortes, ainsi que les prix d'adjudication et renseignements divers.

38. **Catalogue** de tableaux anciens et modernes composant l'importante collection de M. le comte *Daupias*, de Lisbonne, dont la vente a eu lieu en 1892. In-4, br.; 40 photogravures Boussod-Valadon.

> Exemplaire sur papier simili Japon.

39. **Catalogues de tableaux.** Réunion de 3 catalogues gr. in-8, brochés.

> Galerie du marquis de La Rochebousseau, 1873. — Galerie Oppenheim, 1877. — Succession de Monsieur Brooks, 1877. Avec nombreuses eaux-fortes, prix d'adjudication et notes. 2 de ces catalogues sont sur papier de Hollande.

40. **Catalogues d'objets d'art.** Réunion de 6 catalogues gr. in-8 et in-4, brochés.

> D. de G., 1re vente, 1896, 1 vol. — Beurdeley, 1883-1895, 3 vol. — Mannheim, 1898, 1 vol , etc. Nombreuses planches ; prix d'adjudication.

41. **Catalogues d'objets d'art.** Importantes collections du marquis *d'Houdan*, d'Angers. Tapisseries et objets d'art garnissant le château du Plessis-Macé près Angers, vendus en 1888. 2 vol. gr. in-8, br., avec 38 photographies.

42. **Catalogues illustrés.** Réunion de 4 catalogues gr. in-8 et in-4, br.

> Collections de San Donato, 1870, 2 vol. Collection A. Febvre, 1883. Collection A. Dreyfus, 1889. Nombreuses planches et eaux-fortes, prix d'adjudication et notes.

43. **Chennevières** (H. de). Les Dessins du Louvre, 330 reproductions de différents tons, avec notices sur les artistes. *Paris*, 1882-1883, 4 parties en 3 vol. in-4, demi-bas., tr. jaspée.

44. **Clément de Ris**. Les amateurs d'autrefois. *Paris*, 1877, gr. in-8, br. ; portraits à l'eau-forte.

> Tiré à petit nombre sur papier de Hollande.

45. **Collection Basilewsky**. Catalogue raisonné, précédé d'un essai sur les arts industriels du Iᵉʳ au XVIᵉ siècle, par A. Darcel et A. Basilewsky. *Paris*, 1874, 2 vol. gr. in-4, pl. percaline ; 5o pl. en chromo-lithographie et héliogravure.

46. **Collection Beurnonville**. Catalogue des tableaux anciens de toutes les écoles dont la vente a eu lieu en 1881. In-4, br., 56 eaux-fortes et 2 photogr.

47. **Collection Crabbe**. Catalogue de tableaux anciens et modernes, dont la vente a eu lieu en 1890. Gr. in-4, br., 4o héliogravures.

48. **Collections Decloux et J. de Bryas**. Dessins, tableaux, aquarelles, pastels, gouaches, objets d'art et d'ameublement composant ces 2 collections vendues en 1898. *Paris*, 1898, 2 vol. in-4, br., avec nombreuses planches.

49. **Collection Defoer**. Catalogue de tableaux modernes dont la vente a eu lieu en 1886. Gr. in-4, br. ; photo-aquatintes et typogravures.

5o. **Collection Eugène Félix** (Objets d'art et de haute curiosité formant la), de Leipzig, vendue à Cologne en 1886, in-4, br., nombr. fig. et pl.

51. **Collection Muhlbacher**. Catalogue de tableaux, dessins, aquarelles, gouaches, miniatures et marbres du XVIIIᵉ siècle dont la vente a eu lieu en 1899. In-4, br., nombreuses héliogravures.

52. **Collection Secrétan**. Catalogue de tableaux anciens et modernes, aquarelles, dessins et objets d'art dont la vente a eu lieu en 1889. 3 vol. in-4, br. ; nombr. photogravures.

53. **Collection Spitzer**. Catalogue des objets d'art et de haute curiosité, antiques, du moyen-âge et de la Renaissance, y compris les armes, et armures dont la vente a eu lieu en juin 1893 et 1895. *Paris*, 1893-95, 3 vol. in-4, br., et 2 albums in-fol., en carton ; nombr. planches.

**54. Collection de M. John W. Wilson**, exposée dans la galerie du Cercle artistique et littéraire de Bruxelles. *Paris*, 1873, in-4, br., sur pap. de Hollande, avec 68 eaux-fortes.

## Costumes, Armes et Armures.

**55. Armeria real de Madrid** ou collection des principales pièces de la galerie d'armes anciennes de Madrid; dessins de Sensi; texte par Ach. Jubinal. *Paris*, s. d., 3 vol. in-fol.,d.-veau; 125 pl. lithographiées et fig.

> Le supplément est en carton.

**56. Armeria reale di Torino.** Venezia, 1865, gr. in-4,cartonné; 55 planches en photographie.

> On y a joint un exemplaire du catalogue général, par le Comte Vittorio Seyssel, d'Aix. Torino, 1840, in-8, d.-maroq., coins, tête rouge, ébarb.; avec pl. hors texte.

**57. Armes et armures.** 60 planches extraites de l'Art pour tous, armes offensives et défensives, casques, épées, poignards, etc., in-fol., en carton.

**58. Asselineau.** Meubles, armes et armures et objets divers du Moyen-Age et de la Renaissance. *Paris, Hauser*, s. d., 2 vol. in-fol., en carton; 186 planches en lithographie.

> Exemplaire de premier tirage auquel on a ajouté 21 planches formant les séries complètes des armes et armures et des objets d'art et d'ameublement qui se trouvent dans « le Moyen-âge pittoresque », de Moret.

**59. Beauty's costume** : a series of female figures in the dresses of all times and nations containing 12 engravings, by the first artists; with original descriptions, by Leitch Ritchie.*London,*1838, in-4, d.-chag.; pl. coloriées.

**60. Cabinet d'armes** (Le) de Maurice de Talleyrand Périgord, duc de Dino, étude descriptive par le baron de Cosson, reproduction de 210 pièces par Dujardin. *Paris*, 1901, in-fol., d. vélin, non rogné.

> Tiré à 200 exemplaires.

**61. Caricatures.** Recueil de 75 lithographies, coloriées par Draner : costumes militaires des différentes nations de l'Europe. En un vol., in-fol., d.-chag.

62. **Carré**. Panoplie, album des 41 planches gravées. *Paris*, 1797, in-folio, d.-vélin, n. rogné.

La grande planche représentant un tournoi s'y trouve.

63. **Costume**. Frauenlob. Gestalten weiblicher Unmuth und Schon-heit costum verschiedener Jahrhunderte von Robert Beyschlag. *Munchen*, 1886, in-fol., en carton; 12 pl.

64. **Costumes de guerre** au Musée d'artillerie, 25 planches en photographie représentant 36 costumes, avec notice explicative. In-fol.

65. **Costumes suisses**. Recueil de XII costumes suisses civils et militaires, hommes et femmes du seizième siècle, gravés d'après les dessins originaux du célèbre Jean Holbein. A *Basle*, chez *Chré-tien de Méchel*, 1790, in-4, en feuilles; 12 planches coloriées et titre-front.

66. **Costumes**, mœurs et usages, suite de gravures coloriées, avec leurs explications, par Eyriès. *Paris*, *Gide*, s. d., 3 vol. gr. in-8, d.-chagrin; 183 planches coloriées.

Angleterre, 24 pl. — Autriche, 24 pl. — Russie, 24 pl. — Turquie, 24 pl. — Chine, 24 pl. — Suisse, 63 pl.

67. **Costumes militaires**. **Titeux**. Saint-Cyr et l'école spéciale militaire en France, Fontainebleau, Saint-Germain. *Paris*, 1894, in-4, br.; pl. en noir et en couleurs.

68. **Costumes**. Réunion de 90 planches coloriées extraites des ou-vrages de La Mésangère, Lechevallier-Chevignard, Jacquemin, etc.

69. **Costumes**. Recueil des habillements de différentes nations, anciens et modernes, et en particulier des vieux ajustements anglais, d'après les dessins de Holbein, de Vandyke, de Hollar et de quel-ques autres, etc. *Londres*, 1757-72, 4 vol. in-4, veau; 480 plan-ches coloriées à la main.

Exemplaire en grand papier; texte français et anglais.

70. **Costumi** diversi inventati ed incisi di Bartolomeo Pinelli. *Roma*, 1822, in-fol., d.-bas.; 25 pl. à l'eau-forte.

71. **Demmin**. Guide des amateurs d'armes et armures anciennes par ordre chronologique depuis les temps les plus reculés jusqu'à

nos jours ; contenant 1700 reproductions d'armes et armures et 200 marques et monogrammes d'armuriers.

72. **Franks.** Description of the plates to accompany Kemble's Horae ferales. S. l. n. d. (*Londres,* 1864), in-4, cart. ; 32 planches en couleurs et en noir d'armes et bronzes.

73. **Ganier.** Costumes des régiments et des milices recrutés dans les anciennes provinces d'Alsace et de la Sarre, les républiques de Strasbourg et de Mulhouse, etc., pendant le xviie et le xviiie siècle. *Epinal,* 1882, in-4, en carton ; pl. coloriées.

74. **Hefner-Alteneck** (von) et **Becker.** Objets d'art et meubles de luxe du Moyen-Age et de la Renaissance. *Francfort-sur-Mein,* 1852-57, 3 vol. in-4, maroquin brun, filets, doublé de tabis, tr. dor., étuis doublés peau de chamois (Hardy-Mesnil).

> Superbe exemplaire aux armes du prince d'Essling, dos orné du monogramme d'André Massena. Un des rares exemplaires avec les titres et tables chronologiques en français. 216 planches en chromo-lithographie.

75. **Jolimont et Cagniet.** Recueil d'objets d'art et de curiosités, dessinés d'après nature, gravés à l'eau-forte par Caroline Naudet. *Paris,* 1837, in-fol., d.-rel. ; 42 pl. à l'eau-forte tirées sur Chine.

> Les planches 31 à 42 sont celles qui avaient été gravées pour l'ouvrage de Dubois et Marchais, dont il ne parut que 12 planches.

76. **Kaemmerer.** Arsenal de Tzarskoé-Sélo ou collection d'armes de S. M. l'Empereur de toutes les Russies. *Saint-Pétersbourg,* 1869, 2 vol. gr. in-fol., d.-chagrin, plats toile ; 42 lithographies en couleur et en noir.

77. **La Mésangère.** Galerie française de femmes célèbres par leurs talens, leur rang ou leur beauté, avec des notices explicatives. *Paris,* 1841, in-4, d.-chag., ébarb. ; 70 portraits par Lanté et Gatine, coloriés au pinceau.

78. **Maniement d'armes,** d'arquebuses, mousquetz et piques, en conformité de l'ordre de Mgr le Prince Maurice, prince d'Orange, et représenté en figures par Jaques de Gheyn. *Amsterdam,* 1608, in-4, veau ; front. et 117 pl. gravées.

> Mouillures et raccommodages.

79. **Marchesi.** Catalogo de la Real Armeria, mandado formar por

S. M. Siendo, director general de reales caballerizas. *Madrid*, 1849, in-8, d.-vélin; 10 pl.

> Comprenant 435 marques et contre-marques d'armuriers.

80. **Ménard.** Histoire artistique du métal. *Paris*, 1881, in-4, d.-maroq., coins, tête dor., ébarb.; nombr. pl. et fig.

81. **Mercuri et Bonnard.** Costumes historiques du xiiᵉ au xvᵉ siècle tirés des monuments les plus authentiques de peinture et de sculpture, avec introduction par Ch. Blanc et 200 pl. color. montées sur onglets. *Paris*, 1860-1861, 3 vol. in-4, demi-chag., tr. jaspée.

82. **Meyrick** (Sir Samuel Rush). A critical inquiry into ancient armour as it existed in Europe, particularly in Great Britain, from the norman conquest to the reign of King Charles II, with a glossary of military terms of the Middle Ages; second édition. London, 1842, 3 vol. — *Skelton*. Engraved illustrations from the collection at Goodrich Court, Herefordshire. *London*, 1854, 2 vol. Ensemble 5 vol. gr. in-4, d.-maroq., coins, tr. dor., dos orné, rel. uniforme; 256 planches noires et coloriées.

> Bel exemplaire.

83. **Mœurs et coutumes** des peuples ou collection de tableaux représentant les usages remarquables, les mariages, funérailles, supplices et fêtes des diverses nations du monde. *Paris*, 1811-14, 2 vol. in-4, d.-veau; 144 planches coloriées.

84. **Musée d'artillerie.** Collection de 100 planches en photographie, de Franck : armures, casques, armes blanches, armes d'hast, bouches à feu, etc. In-fol.

85. **Musée de Tzarskoé-Sélo** ou collection d'armes de Sa Majesté l'Empereur de toutes les Russies. Ouvrage composé de 181 planches lithographiées par Asselineau, d'après les originaux de A. Rocksthull; avec une introduction par Florent Gille. *Saint-Pétersbourg*, 1835-53, gr. in-fol., d.-maroq., coins, tête dor., n. rogn.

> Bel exemplaire contenant 11 planches supplémentaires non décrites dans le texte et qui ne se trouvent que dans un petit nombre d'exemplaires. On y ajoute la notice sur le musée de Tsarskoé-Sélo, avec 35 vignettes sur bois. *Saint-Pétersbourg*, 1860, in-8, br.

86. **Quirin Leitner.** Die Waffensammlung des österreichischen Kaiserhauses im K.K. Artillerie — Arsenal — Museum in Wien.

*Wien*, 1866-70, gr. in-fol., chagrin plein, fil., tr. dor. ; 68 pl. lithogr. sur Chine.

Tirage unique à 250 exemplaires ; les planches ont été effacées.

87. **Robert**. Catalogue des collections composant le Musée d'artillerie en 1889. *Paris*, 1889-93, 5 tomes en 2 vol. in-8, veau pl. ; pl. gr. de marques et poinçons.

88. **Schrenck**. Der Kaiser, Fursten und Herren Bildness Waffen and Rüstungen so zu Schloss Ambras. C'est-à-dire : Représentation des armures de grands seigneurs et capitaines des xve et xvie siècles, conservées au château d'Ambras, en Tyrol, grav. par Custodis, d'après les dessins de J.-A. Fontana, et publié par Schrenck de Notzing. *Ynnsbruck* (1602), in-fol., demi-chagr., tr. dor.

Comprenant : 1 beau front. 3 ff. pour le titre le privilège, etc., et 125 beaux portraits en pied, avec riches encadrements.

89. **Stothard** (C.-A.). The monumental effigies of Great Britain : selected from our cathedrals and churches, for the purpose of bringing together and preserving correct representations of the best historical illustrations extant, from the norman conquest to the reign of Henry the eigth. *London*, 1832, gr. in-4, demi-ch., coins, tête dor., tr. ébarb. ; avec 144 pl. en couleurs et or.

On a ajouté 7 pl. et le titre de la première édition (1817) dont le coloris diffère légèrement; quelques feuillets de texte sont également de la 1re édition.

90. **Tournois** (Traicté de la forme et devis comme on faict les), par Olivier de la Marche, Hardouin de la Jaille, Anthoine de la Sale, etc., mis en ordre par Bernard Prost ; avec 16 planches en couleurs· *Paris*, 1878, in-8, br.

91. **Tournois**. Turnier Buch Herzogs Wilhelm des Vierten von Bayern von 1510 *bis* 1545, nach einem gleichzeitigen manuscript der Koniglichen Bibliotek zu München, freu in Steindruck nachgebildet von Th. und Clémens Senefelder mit Erklarungen begleitet von Fried. Schlichtegroll. *München*, 1817, in-4 obl., cart.

Reproduction d'un manuscrit de la bibliothèque de Munich comprenant 24 superbes planches coloriées à la main et richement enluminées d'or et d'argent. Il manque donc les planches 25 à 31 et l'explication de ces planches.

92. **Vecellio** (Cesare). Costumes anciens et modernes. 513 planches avec encadrements variés, texte français et italien. *Paris*, 1859-1860, 2 vol. in-8, plein-chagrin, tranche dorée.

93. **Vigeant**. La Bibliographie de l'escrime ancienne et moderne. 1882, petit in-8, br.

> On a joint le catalogue de la collection de Ed. de Beaumont.

94. **Waffen-Sammlung Kuppelmayr**. Catalogue de la vente de cette belle collection, qui a eu lieu à Munich, en 1895, illustré de 30 planches en phototypie reproduisant de très nombreuses armes et armures. *Munich*, 1895, gr. in-4, br.; avec prix d'adjudication.

95. **Davillier** (Baron Ch.). Les Arts décoratifs en Espagne, au Moyen-Age et à la Renaissance. — Notes sur les cuirs de Cordoue guademaciles d'Espagne, etc. — Mémoire de Vélasquez sur 41 tableaux envoyés par Philippe IV à l'Escurial. *Paris*, 1874-1879, ensemble 3 brochures in-8; fig. et pl.

96. **Delalande** et **Thoré**. Catalogue des estampes anciennes formant la collection de feu Delbecq, de Gand. *Paris*, 1845, 3 parties en un vol. in-8, d.-véau.

> Un des rares exemplaires ornés d'un frontispice et de 7 planches gravés ; prix d'adjudication.

97. **Demmin** (Auguste). Encyclopédie historique, archéologique, biographique, chronologique et monogrammatique des Beaux-Arts plastiques, architecture et mosaïque, céramique, sculpture, peinture et gravure. *Paris*, 1873, 3 vol. gr. in-8, demi-chag. rouge, coins, tête dor., tr. ébarb.; nombr. figures.

98. **Dezallier d'Argenville**. Abrégé de la vie des plus fameux peintres avec les indications de leurs principaux ouvrages et la manière de connaître les dessins des grands maîtres, avec supplément. *Paris*, 1745-1752, 3 vol. in-4, veau plein, tr. rouge, avec 254 portraits gravés.

> Exemplaire de premier tirage.

99. **Driesten** (J.-H. Van). La Marche de Lille, 1556, publiée d'après le manuscrit de la bibliothèque de Lille, avec 300 écussons héraldiques coloriés à la main. *Lille*, 1884, in-4, br.

100. **Eudel** (Paul). L'Hôtel Drouot et la curiosité, de 1881 à 1888, avec des préfaces de Claretie, Silvestre, Monselet, Champfleury, Burty, etc., et une table des noms cités dans les 8 volumes. Ensemble 9 vol. in-12, br.

101. **Evangiles** (Les Saints), traduction tirée des œuvres de Bos-

suet, par H. Wallon, illustrée de grandes compositions gravées à
l'eau-forte, d'après Bida. *Paris*, 1873,2 vol. gr. in-fol., en cartons.

102. **Faïences.** Réunion de 82 planches coloriées extraites des
ouvrages de Ris-Paquot, Pottier et de l'Œuvre de Bernard Pa-
lissy, par Delange.

103. **Faïences et porcelaines.** Catalogues des faïences et porcelaines anciennes et modernes, composant les collections Charles
*Antig* et Albert *Gérard* dont les ventes ont eu lieu en 1895 et en
1900. 3 catalogues in-4, br. ; nombr. pl. hors texte ; prix d'adjudication au crayon.

104. **Ferraro.** Cavallo frenato, diviso in quattro libri. *In Venetia*,
1620, in-fol., d.-vélin; fig. sur bois, spécimens de mors ornés.

105. **Foucquet** (L'Œuvre de Jehan), Heures de maistre Estienne
Chevalier, texte restitué par l'abbé Delaunay, reproduction des
miniatures, avec encadrements or et couleurs empruntés aux plus
beaux manuscrits du xvᵉ siècle. *Paris, Curmer*, 1867, 2 vol. in-
4, pl. percal., n. rogn.

106. **Gayffier** (E. de). Herbier forestier de la France, reproduction
par la photographie d'après nature et de grandeur naturelle des
principales plantes ligneuses qui croissent spontanément en forêt,
description botanique, situation, culture, qualité, usages, avec
200 pl. en phototypie procédé Arosa. *Paris*, 1868-1873, 2 vol.
in-fol., demi-mar., coins, tête dor., tr. ébarbée.

107. **Giraud.** Recueil descriptif et raisonné des principaux objets
ayant figuré à l'Exposition rétrospective de Lyon, en 1877. *Paris*,
1878, in-fol., en carton ; 83 héliogravures hors texte.

108. **Goncourt** (E. et J. de). L'Art au xviiiᵉ siècle. 3ᵉ édition revue
et augmentée. *Paris*, 1880-81, 2 vol. in-4, en fascicules ; héliogravures hors texte.

109. **Gonse** (L.). Les Beaux-arts et les arts décoratifs à l'Exposition
universelle de 1878 ; l'art ancien et l'art moderne. *Paris*, 1879,
2 forts vol. gr. in-8, br.; fig. et pl.

110. **Goya.** Caprichos de Goya, coleccion de ochenta estampas grabadas al agua fuerte con aguadas de resina por el mismo. *Madrid*, 1868, in-4, en carton ; 80 planches.

**111. Goya**. Los desastres de la Guerra, coleccion de ochenta laminas inventadas y grabadas al agua fuerte, por Don Francisco Goya. *Madrid,* 1863, in-4 obl., en 8 fascicules ; 80 planches.

**112. Goya** et **Vélazquez**. Album de 38 phototypies inaltérables, par G. Arosa. *Saint-Cloud,* 1873, in-folio, en carton, pleine percal.

**113. Guiffrey** (J.). Les Caffieri, sculpteurs et fondeurs-ciseleurs, étude sur la statuaire et sur l'art du bronze en France, au xviiᵉ et au xviiiᵉ siècle *Paris, Morgand,* 1877, fort vol. gr. in-8, br. ; eaux-fortes de M. Leloir.

**114. Guiffrey** (J.-J.). Table générale des artistes ayant exposé aux Salons du xviiiᵉ siècle, suivie d'une table de la bibliographie des Salons, précédée de notes sur les anciennes Expositions, etc. 1873, in-12, demi-percal., non rogné, sur couv.

**115. Havard** (Henry) L'Art et les artistes hollandais. *Paris,* 1879-81, 4 vol. gr. in-8, br. ; pl. hors texte.

> Un des 50 exemplaires sur papier de Hollande, avec 2 états des planches dont un sur Japon.

**116. Hevelii** (Joh.). Machinæ cœlestis, pars prior ; organographiam, sive instrumentorum astronomicorum omnium accuratam delineationem et descriptionem, plurimis iconibus illustratam, etc. *Gedani,* 1673, in-fol., d.-bas. ; pl. en taille-douce.

**117. Inventaire** de tous les meubles du cardinal de Mazarin, dressé en 1653 et publié d'après l'original des archives de Condé, par le Duc d'Aumale. *Londres,* 1861, gr. in-8, cart., n. rogn.

**118. Jacquemart**. Histoire de la céramique, étude descriptive et raisonnée des poteries de tous les temps et de tous les peuples. *Paris,* 1873, gr. in-8, br. ; eaux-fortes de J. Jacquemart.

**119. Jacquemart** (Albert). Histoire du mobilier, recherches et notes sur les objets d'art qui peuvent composer l'ameublement et les collections de l'homme du monde et du curieux, ouvrage contenant plus de 200 eaux-fortes typographiques de J. Jacquemart. *Paris,* 1876, gr. in-8, br.

**120. Jal**. Dictionnaire critique de biographie et d'histoire, errata

et supplément pour tous les dictionnaires historiques. 2e édition.
*Paris*, 1872, gr. in-8, cart.

> Dernière édition, rare.

121. **Jombert** (Ch. A.). Essai d'un catalogue de l'œuvre d'Etienne
de la Belle, peintre et graveur florentin, disposé par ordre historique suivant l'année où chaque pièce a été gravée. *Paris*, 1772,
in-8, veau plein, tr. rouge.

> Exemplaire de l'auteur annoté par lui.

122. **Labarte** (J.). Histoire des arts industriels au Moyen-Age et
à l'époque de la Renaissance. *Paris*, 1864-66, 4 vol. gr. in-8 et
2 atlas in-4, demi-chag., coins, tête dorée, tr. ébarbée; pl. en
couleurs, or et argent, montées sur onglets.

> Bel exemplaire de la grande édition.

123. **Lacroix**. xviie siècle. Institutions usages et costumes. *Paris*,
1882, in-4, en carton; pl. hors texte et chromolithographies.

> Exemplaire sur papier de Chine.

124. **Lacroix**. xviie siècle. Lettres, sciences et arts (1590-1700).
*Paris*, 1880, in-4, en carton; chromolithographies et pl. hors texte.

> Exemplaire sur papier de Chine.

125. **Lacroix**. xviiie siècle. Lettres, sciences et arts en France
(1700-1789). *Paris*, 1878, in-4, en carton; planches hors texte,
chromolith.

> Exemplaire sur papier de Chine.

126. **Lacroix et Seré**. Le Moyen-Age et la Renaissance, histoire
et description des mœurs et usages, du commerce et de l'industrie,
des sciences, des arts et des beaux-arts en Europe. *Paris*, 1848-
1851, 5 vol. in-4, demi-chag., coins, tête dor., tr. ébarbée, avec
500 pl. en noir et en coul. et dessins dans le texte.

127. **La Motte** (de). Fables nouvelles dédiées au roi, avec un dis-
cours sur la fable. A *Paris*, 1719, in-4, bas. pl.; fig. grav.

128. **Le Blanc** (Ch.). Manuel de l'amateur d'estampes, précédé de
considérations sur l'histoire de la gravure, ses divers procédés, le
choix des estampes et la manière de les conserver. *Paris*, 1850-
1889, 4 vol. in-8, demi-maroq., coins, tête dor., tr. ébarb.

129. **Lejeune** (Th.). Guide théorique et pratique de l'amateur de

tableaux, études sur les imitateurs et les copistes des maîtres de toutes les écoles. *Paris, Gide*, 1863-65, 3 vol. gr. in-8, d.-chagrin.

130. **Magny** (Vicomte de). La Science du blason, accompagnée d'un armorial général des familles nobles de l'Europe, avec 1508 blasons. *Paris*, 1858, gr. in-8, pleine percal., non rogné.

131. **Mareschal**. Les Faïences anciennes et modernes, leurs marques et décors; 2e édition : faïences françaises. *Paris*, 1874, gr. in-8, cart., n. rogn.; 83 pl. coloriées.

132. **Mareschal.**Les Faïences anciennes et modernes, leurs marques et décors; 2e édition : faïences étrangères. *Paris*, 1873, gr. in-8, cart., n. rogn. ; 87 pl. coloriées.

133. **Marryat** (J.). Histoire des poteries, faïences et porcelaines, trad. de l'anglais et accompagnée de notes, par d'Armaillé et Salvetat. *Paris*, 1866, 2 vol. gr. in-8, demi-veau, coins, tête dor., tr. ébarb., avec 614 fig. et marques.

134. **Mascarade à la grecque,**dédiée à M. le Marquis de Félino, suite complète de 10 pièces inventées par Petitot et gravées par Rossi. *Parme*, 1771, in-fol., d.-maroq.

135. **Maze Sensier**. Le Livre des collectionneurs. — Les fournisseurs de Napoléon I$^{er}$ et des deux impératrices. *Paris*, 1885-1893, 2 vol. in-8, br. ; fig.

136. **Meublesd'art**, 90 planches extraites de l'Art pour tous : coffres, bahuts, armoires, tables, etc., in-fol., en carton.

137. **Midolle**. Spécimen des écritures anciennes et modernes, françaises et étrangères. *Strasbourg*, 1834-35, 3 parties en un vol. in-fol., d.-percal.; 120 planches en couleurs.

138. **Molinier** (E.). Les Bronzes de la Renaissance, les plaquettes, catalogue raisonné, avec grav. *Paris*, 1886, 2 vol. in-8, br.

139. **Molinier**. Catalogue de la donation de M. le Baron Ad. de Rothschild au Musée national du Louvre. *Paris*, 1902, in-fol., en carton pl. percal.; héliogravures.

140. **Molinier et Mazerolle**. Inventaire des meubles du château de Pau (1561-1562). *Paris, Morgand*, 1892, in-4, br.; portrait et fig.

141. **Musée Gustave Moreau** (Le), étude sur G. Moreau, ses
œuvres, son influence, par Flat. *Paris,* 1899, in-4, dans un em-
boîtage maroq. plein. ; héliogravures.

Un des rares exemplaires sur papier du Japon.

142. **Musée du Louvre.** *Les Maîtres de la Peinture*, texte ré-
digé par Lafenestre, Michel, Müntz, Nolhac, Proust, etc. Splendide
ouvrage illustré de 140 photogravures Goupil dans le texte, 24
planches hors texte, fac-similé en couleurs, 72 planches hors texte
en photogravure, 48 pl. hors texte en typogravure et 12 culs-de-
lampe gravés sur bois spécialement pour l'ouvrage. *Paris, Manzi,
Joyant*, 1899-1900, 2 forts volumes in-fol., en 2 portefeuilles
plein maroquin grenat, fers spéciaux

Tiré à 150 exemplaires sur papier à la cuve.

143. **Normandie monumentale et pittoresque** (La), édifices
publics, églises, châteaux, manoirs, etc. ; texte par une société
d'archéologues et de littérateurs, quatre cent quarante et une
planches en héliogravure, par Dujardin, d'après les photographies
de Durand, Preuler, Thiébaut. *Le Havre*, 1893-99, 5 tomes en
9 vol. gr. in-fol., demi-chagrin, tête dorée, ébarb.

Bel exemplaire bien complet de cet ouvrage considérable : Seine-
Inférieure, Calvados, Eure, Orne, Manche.

144. **Pacome** (Frère). Description du plan en relief de l'abbaye de
la Trappe. *Paris*, 1708, in-4, veau ; rel. aux armes.

Planches gravées par Rochefort relatives à la vie de l'Abbé de Rancé
et aux occupations des religieux.

145. **Palais de San Donato.** Catalogue des objets d'art et d'ameublement, tableaux dont la vente a eu lieu à Florence en 1880.
In-4, br.; avec la table des prix d'adjudication, et 60 belles pl.
hors texte, dont 55 eaux-fortes de Jacquemart, Lalauze, Champol-
lion, etc.

146. **Peyré.** Manuel d'architecture religieuse au Moyen-Age ; 2e édition enrichie de 24 planches gravées. *Paris, Didron*, 1848, in-8,
d.-veau, n. rogn.

147. **Plantet** (E.). La Collection de statues du marquis de Marigny,
1725-1781, catalogue descriptif, avec 28 héliogravures. *Paris*,
1885, gr. in-8, br.

148. **Plon** (E.). Benvenuto Cellini, orfèvre, médailleur, sculpteur,

recherches sur sa vie, sur son œuvre et sur les pièces qui lui sont attribuées, avec appendice. *Paris*, 1883-84, 2 vol. gr. in-4, br. ; héliogravures et eaux-fortes.

149. **Portraits de personnages français du XIX<sup>e</sup> siècle**. Recueil de 46 portraits et 19 notices de l'ouvrage publié par Niel, en 1848-56, in-folio, en feuilles.

Ces planches sont en belles épreuves. 15 sont reliées en 1 album plein chagrin vert, tranche dorée. On a joint une épreuve d'essai.

150. **Racinet**. L'Ornement polychrome, deux cent vingt planches en couleurs, or et argent : art ancien et asiatique, Moyen-Age. Renaissance, xvii<sup>e</sup> et xviii<sup>e</sup> siècles. *Paris,Didot*, 2 vol. in-fol., d.-chag., tête dor., ébarb.
Bel exemplaire.

151. **Reliure** de style gothique en cuir repoussé symbolisant : au recto le Christ, Moïse et Elie sur le Mont Sinaï, au verso le Jugement dernier; fermoir en cuivre garni de cuir repoussé, avec l'emblème du Saint-Esprit ; dos orné d'arcades monastiques. Cette reliure recouvre une bible hollandaise de 1855, ornée de nombreuses gravures sur acier. In-4, tr. dor.
Beau spécimen de reliure du sculpteur Haariiaus.

152. **Reynart** (Ed.). Catalogue des tableaux, bas-reliefs et statues, exposés dans les galeries du Musée des tableaux de Lille, avec 21 photoglypties. *Lille*, 1872, gr. in-8, br.

153. **Ris-Paquot**. Histoire générale de la faïence ancienne française et étrangère considérée dans son histoire, sa nature, ses formes ; avec 200 planches coloriées à la main et 1400 marques et monogrammes. *Paris*, 1874 76, 2 vol. in-fol., d.-chag., coins, n. rogn.

154. **Rooses** (Max). Antoine Van Dyck, reproduction en héliogravure de 50 chefs-d'œuvre, avec texte historique et explicatif. *Paris*, 1901, in-fol., pl. percal., tête dor., ébarb.

155. **Rouaix** (P.). Dictionnaire des arts décoratifs à l'usage des artisans, des artistes, des amateurs et des écoles, avec 541 gravures. *Paris*, s. d., gr. in-8, demi-bas.

156. **Saunier** (Gaspard de). La parfaite connaissance des chevaux, leur anatomie, leurs bonnes et mauvaises qualitez, leurs maladies

et les remèdes qui y conviennent. *La Haye,* 1734, in-fol., maroq.
plein ; planches grav.

157. **Schlumberger** (Gustave). Un Empereur byzantin au xe siècle : Nicéphore Phocas. *Paris,* 1890, in-4, d.-chag., tête dor.,
ébarb., fig. et chromolithographies.

158. **Science héroïque** (La), traitant de la noblesse et de l'origine
des armes; de leurs blasons et symboles; des timbres, bourlets,
couronnes, cimiers, lambrequins, supports, etc., etc., par Marc de
Wlson, sieur de la Colombière. 2e édit. *Paris, Sébastien Mabre-
Cramoisy,* 1669, in-folio, veau plein ; nombreux blasons gravés.

> Raccommodage à la reliure.

159. **Siret.** Dictionnaire historique des peintres de toutes les écoles depuis l'origine de la peinture jusqu'à nos jours; 2e édition.
*Paris,* 1866, gr. in-8, d.-chag.

160. **Spitzer** (Collection). Antiquité, Moyen-Age, Renaissance,
tome II. *Paris,* 1891, in-folio, en carton.

> Comprenant : les émaux, meubles, faïences de Saint-Porchaire,
> faïences de Bernard-Palissy, cuirs, avec nomb. fig. dans le texte et
> 21 (sur 57) belles planches.

161. **Ternisien d'Haudricourt.** Fastes de la nation française; 3
titres, 3 front. et 207 planches.*Paris,* 1825, 3 vol. in-4,d.-maroq.,
dos orné, tr. dor.

> Ouvrage entièrement gravé.

162. **Théâtre de la Passion** de Nostre Seigneur Jésus-Christ,
dessiné et gravé en 34 beaux tableaux de 48 centimètres sur 38
par Grégoire Huret, in-fol., demi-chag., tr. jasp.

> Belles épreuves. Le titre manque ; légères mouillures.

163. **Thiénon.** Voyage pittoresque dans le Bocage de la Vendée
ou vues de Clisson et de ses environs, avec 30 planches à l'aqua-
tinte, de Piringer. *Paris,* 1817, in-4, d.-chag.

164. **Viel-Castel** (Cte H. de). Statuts de l'ordre du Saint-Esprit au
droit désir ou du nœud institué à Naples, en 1352, par Louis
d'Anjou, manuscrit du xive siècle, avec une notice sur la peinture des manuscrits. *Paris,* 1853, in-fol., plein maroquin Laval-
lière, ornements dorés en mosaïque, tr. rouge, pl. chromolith.

165. **Viollet-le-Duc**. Dictionnaire raisonné du mobilier français de l'époque carlovingienne à la Renaissance. *Paris*, 1871-75, 6 vol. gr. in-8, demi-maroq. rouge poli, coins, tête dor., ébarb.; pl. et figures.

Bel exemplaire.

166. **Viollet-le-Duc**. Dictionnaire raisonné de l'architecture française du XI^e au XVI^e siècle. *Paris, Bance et Morel*, 1858-68, 10 vol. gr. in-8, demi-chagrin, ébarb.; fig.

Exemplaire du premier tirage.

167. **Williamson**. Les Meubles d'art du mobilier national. *Paris*, 1883, 2 vol. in-fol., en cartons; 100 pl. en héliogravure.

168. **Lajard** (Félix). *Recherches sur le culte public et les mystères de Mithra, en Orient, en Occident. Paris, Imprimerie Impériale*, 1867, texte in-4, br., et atlas in-fol., en carton.

Nous vendons 250 exemplaires du texte et 109 planches en cuivre. Ces planches ont été nettoyées et sont prêtes à être utilisées.

Poitiers. — Imp. Blais et Roy, 7, rue Victor-Hugo.